ASSOCIATION FRANÇAISE

POUR

L'AVANCEMENT DES SCIENCES

CONGRÈS DE LA ROCHELLE

1882

M

PARIS

AU SECRÉTARIAT DE L'ASSOCIATION

4, rue Antoine-Dubois, 4.

(PLACE DE L'ÉCOLE-DE-MÉDECINE.)

ASSOCIATION FRANÇAISE

POUR L'AVANCEMENT DES SCIENCES

Congrès de la Rochelle. — 1882.

M. Auguste VOISIN

Médecin de la Salpétrière.

RÉSULTATS DU TRAITEMENT DE L'ASPHYXIE ET DE LA SYNCOPE PAR SUBMERSION DANS LES NOUVEAUX PAVILLONS DE SECOURS DE PARIS

— Séance du 26 août 1882 —

La communication que j'ai l'honneur de faire à l'Association a trait au traitement de l'asphyxie et de la syncope par submersion et a pour but principal de faire ressortir les perfectionnements apportés dans la méthode employée et les résultats obtenus depuis sept ans, dans la ville de Paris.

Placé à la tête de ce service en 1864, j'ai été frappé de son organisation insuffisante pour ce qui concerne l'asphyxie par submersion ; les individus étaient apportés dans des corps de garde où le mobilier et les objets les plus indispensables manquaient pour soigner un asphyxié. Il y avait bien la boîte de secours renfermant un certain nombre d'appareils et de médicaments (1), mais dans un moment où l'on est pressé, comme dans les

---

(1) *Composition de la Caisse de secours dite fumigatoire pour noyés et asphyxiés.*

1° Une paire de ciseaux de 16 centim. de long à pointes mousses.
2° Un peignoir de laine.
3° Un bonnet de laine.
4° Un levier de buis.
5° Un caléfacteur de 1/2 litre à un litre.
6° Deux frottoirs de laine.
7° Deux brosses.
8° Une bassinoire à eau bouillante.
9° Le corps de la machine fumigatoire.
10° Son soufflet.
11° Un tuyau et une canule fumigatoire.
12° Une boîte en fer-blanc contenant du tabac à fumer.
13° Une seringue à lavement avec canule.
14° Une aiguille à dégorger la canule.
15° Des plumes pour chatouiller la gorge.
16° Une cuiller étamée.
17° Un gobelet d'étain.
18° Un biberon.
19° Une bouteille contenant de l'eau-de-vie camphrée.
20° Un flacon contenant de l'eau de mélisse spiritueuse.
21° Un flacon contenant un demi-litre d'alcool.

22° Une boîte en fer-blanc renfermant plusieurs paquets d'émétique de 5 centigr. chaque.
23° Un flacon à l'émeri, à large ouverture, contenant 500 gr. de chlorure de chaux en poudre.
24° Un flacon contenant 100 gr. de vinaigre.
25° Un flacon à l'émeri contenant 100 gr. d'éther sulfurique.
26° Un flacon à l'émeri contenant 100 gr. d'ammoniaque.
27° 100 gr. de sel gris.
28° Des bandes à saigner, des compresses, de la charpie et une plaque de taffetas d'Angleterre.
29° Un nouet de poivre et de camphre pour la conservation des objets de laine.
30° Une palette.
31° Un briquet.
32° Un spéculum laryngien.
33° Un marteau de Mayor.
34° Une rondelle de caoutchouc.
Outre ces objets, on place un thermomètre centigrade dans chaque localité où il est possible de le faire.

Bn.

cas de submersion, les objets ne sont pas aisés à trouver dans une caïsse de dimensions nécessairement restreintes.

De plus, les secours, pour être efficaces, doivent être administrés par des individus expérimentés. Or ils étaient donnés par les premiers sergents de ville venus, ceux qui se trouvaient dans le poste, au moment où l'on amenait l'asphyxié.

J'avais enfin fréquemment constaté qu'un asphyxié qui a été rappelé à la vie doit rester dans une atmosphère chaude, pendant un temps assez long, sous peine de contracter une pleuro-pneumonie et sous peine aussi de se refroidir et de succomber.

J'avais vu, en effet, un certain nombre d'asphyxiés qui avaient été admirablement rappelés à la vie par des sauveteurs, mourir plusieurs heures et plusieurs jours après de refroidissement et de pneumonie.

De 1865 à 1872, je n'obtins rien des préfets de police, ils étaient tout à la politique. Les questions humanitaires les laissaient indifférents.

Le premier qui se convainquit de la nécessité d'une amélioration fut M. Léon Renault. Il écouta mes propositions, me prodigua son concours et obtint de l'argent du conseil municipal.

Mon frère continua l'œuvre ; elle a prospéré sous ses auspices et elle n'a plus été arrêtée dans sa marche.

J'ai obtenu la création, sur les berges de la Seine et des canaux dans la traversée de Paris, de pavillons dits de secours, garnis d'un mobilier et d'appareils spéciaux et gardés jour et nuit par des sergents de ville ou gardiens de la paix qui y séjournent pendant un certain nombre d'heures à tour de rôle, et à qui je donne les instructions nécessaires, fondées principalement sur la méthode de Sylvester.

Le mobilier se compose des objets et appareils suivants :

Une table de bois très lourde dont le dossier peut se relever au moyen d'une crémaillère et au bout de laquelle est un appui pour les pieds du noyé. Cette table a une hauteur de 78 centimètres.

Un coussin rond dans les deux tiers et plat dans l'autre tiers, que l'on place sous la poitrine pour la cambrer en avant et un coussin plat sur lequel on pose la tête du patient.

Un caléfacteur de cuivre, long de $1^m,78$, large de 0,76, élevé de 0,53, ayant la forme d'un matelas, et dans l'intérieur duquel existe une nappe d'eau, que l'on peut échauffer à 35° en 10 minutes. et mettre en ébullition en 10 minutes au moyen de jets de gaz disposés sous l'appareil.

Ce caléfacteur renferme 120 litres d'eau et est en communication, d'une part, avec un réservoir d'eau froide, et, d'autre part, avec une baignoire placée au fond du pavillon.

Un matelas en varech, enveloppé dans une forte toile, destiné à être posé sur le caléfacteur, lorsque le noyé va y être placé.

Des boules à eau chaude.

Au-dessus de la baignoire est un appareil à douches communiquant avec le réservoir d'eau froide.

En outre, il existe un lit, un matelas de laine, des couvertures et des draps, de façon à pouvoir coucher le noyé rappelé à la vie et le maintenir dans ce lit pendant un nombre d'heures suffisant.

Chacun des pavillons contient encore le matériel ordinaire des caisses de secours adoptées par le conseil d'hygiène et de salubrité le 9 février 1872, une rondelle en caoutchouc fort, une ligne et une bouée de sauvetage. Au-devant de chaque poste est amarré un solide bateau, pourvu de tous les agrès nécessaires.

Chaque poste est mis en communication avec le poste central de police de l'arrondissement au moyen d'un fil télégraphique. De cette façon l'agent peut avoir du secours en trois à quatre minutes.

Dans chaque pavillon est suspendu au mur le tableau indicateur qui renferme l'instruction du conseil d'hygiène et une seconde instruction sommaire dans laquelle j'ai consigné les différents temps du traitement et les soins les plus importants.

Voici cette seconde instruction :

Envoyer chercher un médecin ;

Traiter le noyé sans aucun retard ;

Oter les vêtements ; envelopper l'individu dans la couverture jusqu'à la ceinture ;

Avoir soin que l'air de la pièce soit renouvelé.

1° Traitement à employer en premier lieu pour rappeler la respiration.

Placer le corps sur la table de bois, la tête légèrement inclinée, le traversin sous le dos, le coussin sous la tête. Ouvrir la bouche avec le levier en buis. Veiller à ce que la langue ne se renverse pas en arrière et la maintenir hors de la bouche au moyen de la rondelle en caoutchouc. Introduire dans la bouche le spéculum laryngien ; enlever avec les barbes de la plume d'oie, les mucosités, le sable, la terre. Maintenir le spéculum ouvert dans la bouche pendant tout le temps des soins donnés.

Se placer à la tête du patient ; lui saisir les bras à la hauteur des coudes et les tirer doucement vers soi en les écartant l'un de l'autre, les tenir étendus en haut pendant deux secondes, puis les ramener le long du corps, en comprimant latéralement la poitrine.

On répétera cette manœuvre alternativement quinze fois environ par minute et jusqu'à ce qu'on aperçoive un effort du patient pour respirer ; en même temps faire passer sous les narines des odeurs fortes (ammoniaque, etc.).

2° Traitement à employer en second lieu pour rappeler la chaleur et la circulation.

Mettre le patient dans un bain chaud pendant cinq minutes au plus, en continuant les mouvements des bras ; au bout de trente secondes mettre le corps dans une position assise, jeter de l'eau froide sur la face et sur la poitrine et passer de l'ammoniaque sous le nez : puis placer le patient *bien essuyé* sur le matelas chauffé par le caléfacteur; y continuer les mouvements des bras et employer les frictions, la bassinoire remplie d'eau chaude.

Il est dangereux de rappeler la chaleur trop rapidement.

Si la respiration et la connaissance revenues, la chaleur ne reparaît pas, il faut placer de nouveau le patient dans la baignoire et lui administrer sur le dos une douche d'eau froide de quelques secondes, suivie de frictions et de mise sur le matelas chauffé par le caléfacteur.

Lorsque la respiration, la connaissance et la chaleur sont revenues, placer l'individu dans le lit. Mettre à ses pieds et le long de son dos des boules remplies d'eau chaude et le laisser ainsi pendant un certain nombre d'heures jusqu'à ce que le médecin qui a été appelé soit revenu déclarer qu'il peut quitter le pavillon de secours.

Les résultats obtenus ont été très satisfaisants.

La statistique des cas d'asphyxie complète traités antérieurement me donnait une mortalité de près de un sur deux.

Voici, au contraire, la statistique des cas traités dans ces pavillons de secours depuis 1875.

Dans une première série de cas traités de 1875 à 1877, au nombre de 91, dans les 3 premiers pavillons de secours, 4 seulement sont morts : or, ces 4 noyés avaient fait un séjour prolongé sous l'eau, l'un de trente-cinq minutes, le deuxième d'une demi-heure, le troisième de sept minutes, le quatrième de vingt minutes.

Un certain nombre, parmi les 87 autres noyés de cette première catégorie qui ont été rappelés à la vie, l'ont été dans des circonstances graves; ainsi huit avaient séjourné cinq minutes sous l'eau, 13 avaient fait un séjour de plus de cinq minutes sous l'eau jusqu'à dix, quinze et même vingt minutes.

Voici quelques-unes de ces observations :

Je fais remarquer que dans plusieurs cas les individus ont séjourné entre deux eaux, ce qui est bien plus grave, parce que le noyé inspire à la fois de l'eau et de l'air et que la présence de l'eau dans les ramifications bronchiques aggrave beaucoup les dangers de la submersion.

Pavillon du pont d'Arcole.

Le 2 août 1875. à 5 heures du matin, la nommée V... 17 ans, s'est jetée volontairement dans la Seine de la berge du pont Napoléon. Elle a fait un séjour sous l'eau de *dix minutes* à peu près. Apportée au pavillon de secours, elle avait les dents serrées, la face pâle. La perte de connaissance était complète. Elle a été soignée par le gardien de la paix Gailliot, au moyen des mouvements d'élévation et d'abaissement des membres supérieurs, de frictions, du réchauffement sur le caléfacteur, et lorsque la connaissance fut revenue, un bain chaud lui a été donné. La *douche* d'eau froide a été employée.

Cette femme a fait dans le lit du poste un séjour de trois heures.

Le 21 août 1875, le nommée R..., s'est jetée volontairement dans la Seine; séjour sous l'eau de dix minutes environ. Apportée au poste, elle présentait de

la pâleur de la face, les dents serrées; perte de connaissance. Emploi des mou
vements des bras, des frictions pendant trente-cinq minutes. Un bain a été
donné dès que la connaissance fut un peu revenue. Rappelée à la vie. Les soins
ont été donnés par le gardien de la paix Jacques.

Le 11 septembre 1875, la nommée D..., s'est jetée volontairement dans la
Seine à 2 heures du matin, séjour sous l'eau dix minutes environ. Apportée
au pavillon, elle avait la face pâle, les dents non serrées. Perte de connaissance
incomplète. Emploi d'eau de mélisse, de frictions, de mouvements des bras,
Séjour dans le poste pendant cinq heures. A pu marcher au sortir du poste.
Elle a été soignée par le gardien Bouzigues.

Pavillon du pont des Invalides.

Le 17 septembre 1875, submersion involontaire du nommé G..., 56 ans, à
suite d'un étourdissement, séjour sous l'eau de dix minutes. Face pâle, perte
de connaissance, dents serrées. Emploi des lainages, des mouvements des bras,
des frictions d'ammoniaque. Rappelé à la vie, séjour dans le pavillon pendant
trois heures. Les soins ont été donnés par le gardien de la paix Rousseau.

Pavillon du pont des Arts.

Le 27 octobre 1875, le nommé P..., 25 ans, plombier, a été apporté au
pavillon du pont des Arts dans un état de perte de connaissance complète. Il
avait été retiré de la Seine où il s'était jeté du Pont-Neuf. La durée de la submersion sous l'eau a été de près de dix minutes. La face était pâle, les dents
serrées. Les soins ordinaires ont été donnés avec succès par le gardien de la
paix Dumay. Le séjour dans le pavillon a du être prolongé pendant trois heures
et demie.

Pavillon du pont d'Arcole.

La nommée R..., domestique, âgée de 20 ans, s'est jetée dans la Seine le
3 février 1876, en face le Tribunal de commerce. La durée de la submersion
sous l'eau ou entre deux eaux a été d'un quart d'heure environ. Lorsqu'elle a
été apportée au pavillon, la perte de connaissance était complète, les dents
serrées.

Les soins lui ont été donnés par le gardien de la paix Bouzigues. La connaissance est revenue au bout de trois quarts d'heure de traitement.

Pavillon du pont d'Arcole.

Le 31 mai 1876, à 1 heure 45 minutes du matin, la nommée V..., âgée de
27 ans, mécanicienne, s'est jetée volontairement dans la Seine, à la pointe de
l'île Saint-Louis. La durée du séjour sous l'eau a été de 20 minutes environ.
La face était violacée. Les soins donnés par le gardien de la paix Grangé ont
consisté en mouvements d'élévation et d'abaissement des membres supérieurs,
en emploi du spéculum laryngien, en frictions, en réchauffement par le caléfacteur, en administration d'eau de mélisse, en un bain. Elle a été gardée dans
le pavillon pendant quatre heures.

Pavillon du pont d'Arcole.

Le 29 juin 1876, à huit heures du soir, la nommée D..., 15 ans, fleuriste.
s'est jetée volontairement dans la Seine de la berge du quai de l'Hôtel-de-Ville

Elle a passé sous le ponton des bateaux-omnibus. Elle a été retirée de l'eau après un séjour de 15 minutes environ.

Apportée au pavillon, elle n'avait pas sa connaissance. Elle a reçu les soins ordinaires du gardien de la paix Bouzigues et a été rappelée à la vie.

Pavillon des Invalides.

Le 23 août 1876, à six heures un quart du soir, le nommé R..., 45 ans, employé, s'est jeté volontairement de la berge, en aval du pont de la Concorde dans la Seine. Le séjour sous l'eau a été de huit minutes. Apporté au pavillon il était sans connaissance, la face pâle. Le gardien de la paix Jacquelin, d'abord et le docteur Guezt, lui ont donné des soins qui ont consisté, pendant deux heures, en mouvements de membres supérieurs, en ouverture de la bouche avec le spéculum, en frictions, inhalations d'ammoniaque, en réchauffement sur le caléfacteur couvert du matelas; puis, lorsque la connaissance est revenue, en émétique et en bain. L'individu est resté pendant plusieurs heures couché dans le lit, ensuite il a été transporté à l'hôpital Beaujon.

Pavillon du pont d'Arcole.

Le 15 novembre 1876, le nommé P..., 29 ans, garçon de café, s'est jeté volontairement dans la Seine de la berge en aval du pont Louis-Philippe. Il a été retiré de l'eau après un séjour de près de dix minutes. Apporté au pavillon il était sans connaissance, la face pâle. Il a reçu des soins ordinaires du gardien de la paix Bouzigues, a pris un bain, a reçu la douche et a été rappelé à la vie.

Pavillon du pont des Arts.

Le 14 octobre 1877, à 11 heures du matin, la nommée C..., 27 ans, s'est jetée volontairement dans la Seine, de la berge du quai des Tuileries. Elle a fait un séjour de 7 à 8 minutes sous l'eau. Apportée au pavillon en perte complète de connaissance, elle a été soignée par le gardien de la paix Lamblot, au moyen de frictions, des mouvements des bras, du spéculum laryngien, du réchauffement sur le caléfacteur, d'un bain chaud, d'une douche d'eau froide. Elle a été rappelée à la vie et a pu, après quatre heures de séjour au poste retourner chez elle.

Une seconde série de cas, traités dans 5 pavillons de secours de 1878 à fin 1880, comprend :

1878.	77
1879.	90
1880.	109
Total	276

15 individus n'ont pu être rappelés à la vie.

Parmi ces 15 individus,

5 avaient fait un séjour sous l'eau de 10 minutes,

1	—	—	12	—
2	—	—	15	—
1	—	—	20	—
2	—	—	25	—
1	—	—	40	—

D'un autre côté, parmi les individus rappelés à la vie, 23 avaient fait sous l'eau ou entre deux eaux un séjour de plus de 5 minutes ;

10	de	6	à	9	minutes.
6	—	10	—	—
1	—	11	—	12	—

Pavillon du Pont des Arts.

Un individu nommé Frérot, âgé de 26 ans, s'était jeté volontairement dans la Seine, du haut du pont au Change, la nuit, le 15 février 1880. Il a été apporté au pavillon du pont des Arts, étant en perte de connaissance, les dents serrées, la face pâle. Le gardien de la paix a employé la méthode de Sylvester, le caléfacteur, les douches froides et a pu le rappeler à la vie.

Il a été couché dans le lit, et a fait au pavillon un séjour de huit heures.

La durée du séjour dans l'eau avait été de 8 à 10 minutes.

Pavillon du Pont d'Austerlitz.

Une femme de 22 ans nommée Périnelle, s'est jetée volontairement dans la Seine la nuit du 18 février 1880, en amont du pont d'Austerlitz. Elle a été recueillie ayant perdu connaissance, les mâchoires non serrées, la face pâle, et elle a été apportée au pavillon du pont d'Austerlitz.

Le gardien Demange a employé la méthode de Sylvester, des douches et le caléfacteur, et il a pu la rappeler à la vie.

La durée du séjour sous l'eau a été de 5 à 6 minutes.

Pavillon du Pont des Arts.

Un nommé Selles, âgé de 28 ans, a été apporté au pavillon du pont des Arts, le 17 mars 1880 après avoir fait dans l'eau un séjour de 5 à 6 minutes. Il s'était jeté dans la Seine en amont du Pont-Neuf volontairement. Il a été apporté sans connaissance, les mâchoires serrées, la face pâle. Le gardien de la paix Dumay a employé la méthode de Sylvester, le caléfacteur, un bain chaud ; l'individu a pu être rappelé à la vie et il a fait au pavillon un séjour de trois heures.

Un enfant de 9 ans, nommé Piquet, était tombé dans la Seine, le long du quai aux Fleurs, le 25 mars 1880. Il a été recueilli après un séjour entre deux eaux de cinq à six minutes et transporté dans le pavillon de secours du Pont des Arts, ayant perdu connaissance, les dents serrées, la face pâle. Le gardien de la paix Lamblot a employé la méthode de Sylvester, le caléfacteur, un bain chaud et des douches froides. L'enfant a été rappelé à la vie et après avoir fait un séjour de trois heures au pavillon, il a été emporté chez ses parents.

Pavillon du pont d'Austerlitz.

Une femme de 32 ans, nommée Grenier, était tombée volontairement dans la Seine en amont du pont d'Austerlitz, le 8 mai 1880. Elle a été recueillie après un séjour entre deux eaux de *10 minutes* et transportée au pavillon de secours du pont d'Austerlitz, ayant perdu connaissance, les dents non serrées et la face violacée. Le gardien Lambour a employé la méthode de Sylvester et le caléfacteur, et a pu la rappeler à la vie.

Pavillon du Pont des Invalides.

Une femme de 28 ans, nommée Fromery, s'est jetée volontairement dans la Seine, au pont d'Iéna, le 6 mars 1880. Elle n'a pu être recueillie qu'après un séjour de sept minutes sous l'eau et elle a été apportée au pavillon de secours du pont des Invalides, sans connaissance, la mâchoire serrée et la face pâle. Le gardien du pavillon a employé la méthode de Sylvester, le caléfacteur, un bain chaud, des douches froides, et il a pu la rappeler à la vie.

Pavillon du Pont d'Austerlitz.

Un enfant de 10 ans est tombé accidentellement dans le canal Saint-Martin, le 19 juillet 1880 à 5 heures du soir. La durée du séjour sous l'eau a été de 6 minutes ; la mâchoire n'était pas serrée, la face pâle. La connaissance était à demi perdue. Cet enfant a été soigné par la méthode de Sylvester et avec le caléfacteur et rappelé à la vie dans le pavillon de secours du pont d'Austerlitz.

Pavillon du Pont d'Austerlitz.

Une femme de 55 ans s'est jetée volontairement dans le canal Saint-Martin au mois de juin 1880. Elle a été retirée de l'eau après 5 ou 6 minutes et apportée au pavillon de secours du pont d'Austerlitz, la face pâle et en demi perte de connaissance, les dents non serrées.

Elle a reçu des soins consistant en frictions, en emploi de la méthode Sylvester, en mouvements en l'air des deux bras et en réchauffement.

Les soins suivis d'un résultat favorable ont été administrés par le gardien de la paix Demange.

Pavillon du Pont des Invalides.

Une femme de 28 ans, nommée Girault s'est jetée volontairement dans la Seine, entre les ponts d'Iéna et de Passy. Son séjour sous l'eau a été de 9 minutes. Elle a été apportée sans connaissance, pâle, les dents serrées, au pavillon de secours du pont des Invalides où elle a reçu des soins consistant en frictions, en emploi de la méthode de Sylvester et en réchauffement. Les secours lui ont été donnés par le gardien de la paix Jacques (novembre 1880).

Pavillon du canal Saint-Martin.

Une femme, âgée de 31 ans, nommée Barignon, s'est jetée volontairement dans le canal Saint-Martin, le 17 mars 1880, à 7 heures du matin. Son séjour sous l'eau a été de *10 minutes* environ. Elle a été apportée sans connaissance au pavillon de secours du quai Jemmapes, n° 102. Sa face était pâle, ses dents étaient serrées. Elle a été soignée par le gardien de la paix Devulder au moyen de la méthode de Sylvester, de frictions, du spéculum laryngien, du caléfacteur et mise dans le bain chaud. Elle a été rappelée à la vie.

Pavillon du canal Saint-Martin.

Un homme de 38 ans nommé Sence s'est jeté volontairement dans le canal Saint-Martin, le 23 août 1880, à 1 heure du soir. Son séjour dans l'eau a été de 7 minutes. Il a été apporté sans connaissance au pavillon de secours du quai Jemmapes 102 ; sa face était pâle, ses dents serrées. Il a été soigné par le gardien de la paix Rischmann au moyen de frictions, de réchauffement sur le caléfacteur, de mouvements de bras etc. ; il a été rappelé à la vie.

Un homme de 29 ans, nommé Barrot, est tombé accidentellement, le 29 août

1880, à 6 heures du matin, dans le canal Saint-Martin. Son séjour dans l'eau a été de *10 minutes*. Il en a été retiré sans connaissance et apporté au pavillon de secours du quai Jemmapes. 102. La face du noyé était violacée, les dents n'étaient pas serrées. Le noyé a été soigné par le docteur Ballue, qui a employé les frictions, la méthode de Sylvester, le réchauffement par le caléfacteur, la douche et un bain et a été rappelé à la vie.

Dans une troisième série de 160 cas observés en 1881 et traités dans les 8 pavillons actuels, 4 individus seulement n'ont pu être rappelés à la vie.

Parmi ces 4,

1 avait fait sous l'eau un séjour de 30 minutes, il était sans connaissance et la mâchoire inférieure flasque.

1 avait séjourné sous l'eau pendant 20 minutes ; il était sans connaissance et violacé.

2 avaient séjourné sous l'eau pendant 10 minutes ; leurs mâchoires inférieures étaient flasques et leurs bouches ouvertes.

Plusieurs observations des noyés rappelés à la vie m'ont paru être assez intéressantes pour que je vous en donne un résumé :

Pavillon du pont d'Arcole.

Le 17 septembre 1881, à huit heures du matin, le nommé Galli, Mathieu, âgé de 53 ans, s'est jeté volontairement dans la Seine en aval du pont Notre-Dame. Le séjour sous l'eau a été de dix minutes environ. Il a été transporté au pavillon de secours sans connaissance, la mâchoire inférieure flasque, la face violacée. Les soins ont consisté en ouverture de la bouche au moyen du spéculum laryngien, en mouvements des bras, en réchauffement sur le matelas chauffé par le caléfacteur, en frictions.

Le patient a repris connaissance au bout de 20 minutes de soins. Puis il a été mis au bain, des douches froides ont été administrées parce que la peau était encore violacée. Après avoir été bien essuyé, il a été mis dans le lit, bassiné avec des boules d'eau chaude aux pieds.

3 heures après, il a pu quitter le pavillon.

Les soins lui ont été donnés par le gardien de la paix Bardet.

Pavillon du pont des Arts.

Le 15 juillet 1881, à 11 heures 40 minutes du soir, la nommée Lange (Bertha), âgée de 20 ans, domestique, s'est jetée dans la Seine du haut du pont des Arts.

Elle a été apportée au pavillon sans connaissance, la mâchoire inférieure flasque et la face pâle, après un séjour sous l'eau de 8 à 10 minutes.

Après avoir reçu les soins du gardien de la paix Colomban, elle a été rappelée à la vie. Elle a dû faire un séjour de 9 heures au pavillon, couchée dans le lit du poste.

Pavillon du pont des Invalides.

Le 23 juillet 1881, à 11 heures 25 minutes du soir, le nommé Laurent (Baptiste), âgé de 67 ans, s'est jeté dans la Seine en amont du pont de l'Alma.

Apporté au pavillon sans connaissance et la face violacée, après un séjour de 10 minutes sous l'eau, il a pu être rappelé à la vie au moyen des soins habituels.

Les soins lui ont été donnés par le gardien de la paix Paillard.

Pavillon du pont des Invalides.

Le 20 avril 1881, à 6 heures 50 minutes du soir, le nommé Clairet (Albert) s'est jeté dans la Seine en amont du pont de l'Alma.

Son séjour sous l'eau a été de 7 minutes environ. Apporté au pavillon sans connaissance, la face violacée, la mâchoire inférieure flasque, il n'a pu être rappelé à la vie qu'après plus d'une heure de soins consistant en emploi du spéculum laryngien, détersion de l'arrière-gorge, mouvements alternatifs d'élévation et d'abaissement des membres supérieurs, frictions, réchauffement sur le caléfacteur, bain, douche, et il a pu quitter le pavillon après un séjour de 12 heures passées dans le lit du pavillon.

Les soins lui ont été donnés par le gardien de la paix Paillard et par le docteur Lanoix qui a approuvé les soins prodigués au malade.

Pavillon du Pont des Arts.

Le 26 mai 1880, à 2 heures 1/2 du matin, le nommé Perrin (Jules), âgé de 19 ans, cuisinier, s'est jeté volontairement dans la Seine du haut du pont des Arts.

Il a séjourné sous l'eau pendant dix minutes environ. Il avait perdu connaissance, la face était pâle, les dents étaient serrées. Après les soins d'usage qui ont demandé une heure, et un séjour de 7 heures au pavillon il a pu être conduit chez le commissaire de police. Les soins lui ont été donnés par le gardien de la paix Dumay.

Le 26 juillet 1881, à minuit 35 minutes, la nommée Doliet (Angèle), âgée de 16 ans, confectionneuse, s'est jetée volontairement dans la Seine au-dessus du pont des Arts. Apportée au Pavillon, après un séjour sous l'eau de 5 à 6 minutes, elle y a passé la nuit et a pu retourner chez elle.

Les secours lui ont été donnés par le gardien de la paix Lamblot.

Le 24 avril 1881, à 6 heures 20 minutes du matin, le nommé Burgé (Hippolyte-François), âgé de 48 ans, cuisinier, s'est jeté volontairement dans la Seine. Après avoir séjourné sous l'eau pendant cinq à six minutes, il a été rappelé à la vie, et au bout de 3 heures il a pu en sortir.

Les soins lui ont été donnés par le gardien de la paix Lamblot.

Le 2 octobre 1881, a 6 heures 10 minutes du matin, le nommé George Legrand, âgé de 22 ans, s'est jeté dans la Seine du haut du Pont-Neuf.

Amené au poste, après un séjour sous l'eau de cinq à six minutes il, a pu être rappelé à la vie et est resté environ une heure dans le pavillon.

Les soins lui ont été donnés par le gardien de la paix Colomban

Le 14 septembre 1881 à minuit un quart, la nommée Maclam aimée, âgée de 22 ans s'est jetée volontairement dans la Seine de la berge du quai du Louvre, près du Pont des Arts. Après un séjour sous l'eau de 5 minutes, elle fut transportée au pavillon de secours où elle resta 6 heures.

Les secours lui furent donnés par le gardien de la paix Dumay.

Le 26 juin 1881 à 3 heures 10 minutes du matin, le nommé Galliani (Napoléon), âgé de 44 ans, garçon de restaurant, s'est jeté volontairement dans la Seine, en aval du Pont des Arts.

Ayant séjourné environ cinq minutes sous l'eau, il a pu être rappelé à la vie et, au bout de six heures de soins dans le pavillon, a été transporté au bureau du commissaire de police du quartier des Halles.

Les soins lui ont été donnés par le gardien de la paix Dumay.

Pavillon du pont d'Arcole.

Le 11 mai 1881, à 7 heures du matin, le nommé Roy (Alfred), âgé de 25 ans, s'est jeté volontairement dans la Seine au pont Saint-Louis et a été repêché en face le quai de l'Hôtel-de-Ville.

La durée du séjour sous l'eau ou entre deux eaux a été d'un quart d'heure. La perte de connaissance était complète; la bouche était ouverte, les masséters flasques.

L'individu a été déshabillé, puis placé sur le matelas chauffé par le caléfacteur. La méthode de Sylvester a été de suite employée, ainsi que le spéculum et les frictions.

La connaissance un peu revenue, l'individu a été mis dans le bain, puis une douche a été administrée. Il a été ensuite remis sur le matelas chauffé par le caléfacteur; et après 1 heure 1/2 de soins, couché dans le lit.

Il est resté dans le pavillon pendant six heures.

Les soins lui ont été donnés par le gardien de la paix Burdet.

En résumé, Messieurs :

1° Une première et importante conclusion découle de ces faits, c'est la certitude à peu près absolue de rappeler à la vie les individus ayant fait sous l'eau ou entre deux eaux un séjour de quelques secondes à 5 minutes. Ceci constitue un grand progrès, car auparavant nous ne les sauvions guère dans Paris après 3 minutes passées dans l'eau et de plus, les documents anglais de la *Life humane Society* apprennent que le terme de cinq minutes est un terme extrême, sauf de très rares exceptions.

2° En second lieu, je suis arrivé à rappeler à la vie des individus ayant séjourné sous l'eau ou entre deux eaux plus de 5 minutes, jusqu'à 20 minutes.

3° Et ces résultats sont obtenus non seulement sur des individus en syncope, mais encore sur des asphyxiés, à la face et aux lèvres violacées, à la bouche ouverte et aux muscles masséters flasques.

4° Je crois devoir ces résultats heureux à une installation excellente qui permet d'appliquer méthodiquement la méthode de Sylvester, à des appareils caléfacteurs au moyen desquels on peut rappeler la chaleur sur toute la surface du corps du noyé, à l'installation dans les pavillons de secours d'une baignoire et d'un appareil à douches froides; à la possibilité de maintenir le patient dans un lit pendant un nombre d'heures suffisant après son rappel à la vie, et enfin à la faculté d'avoir un personnel discipliné, instruit et toujours prêt.

5° Je souhaite, en dernier lieu, que les municipalités de villes ou maritimes ou riveraines de fleuves et de rivières installent des pavillons de secours aux noyés semblables à ceux de Paris.

PARIS. — IMPRIMERIE CHAIX, SUCCURSALE DE SAINT-OUEN, 86, RUE DES ROSIERS. — 2530-3.

82

ASSOCIATION FRANÇAISE
POUR L'AVANCEMENT DES SCIENCES

EXTRAIT DES STATUTS ET RÈGLEMENT

STATUTS.

ART. 4. — L'Association se compose de membres fondateurs et de membres ordinaires; les uns et les autres sont admis, sur leur demande, par le Conseil.

ART. 6. — Sont membres fondateurs les personnes qui auront souscrit, à une époque quelconque, une ou plusieurs parts du capital social : ces parts sont de 500 francs.

ART. 7. — Tous les membres jouissent des mêmes droits. Toutefois, les noms des membres fondateurs figurent perpétuellement en tête des listes alphabétiques, et les membres reçoivent gratuitement, pendant toute leur vie, autant d'exemplaires des publications de l'Association qu'ils ont souscrit de parts du capital social.

RÈGLEMENT.

ART. 1er. — Le taux de la cotisation annuelle des membres non fondateurs est fixé à 20 francs.

ART. 2. — Tout membre a le droit de racheter ses cotisations à venir en versant, une fois pour toutes, la somme de 200 francs. Il devient ainsi membre à vie.

Les membres ayant racheté leurs cotisations pourront devenir membres fondateurs en versant une somme complémentaire de 300 francs. Il sera loisible de racheter les cotisations par deux versements annuels consécutifs de 100 francs.

La liste alphabétique des membres à vie est publiée en tête de chaque volume, immédiatement après la liste des membres fondateurs.

Les souscriptions sont reçues

Au SECRÉTARIAT, 4, rue Antoine-Dubois (Place de l'École-de-Médecine).

Les souscriptions des membres fondateurs peuvent être versées en une seule fois ou en deux versements de chacun 250 francs.

PARIS. — IMPRIMERIE CHAIX, Succ. de Saint-Ouen, 86, rue des Rosiers. — 1324 -3